MAKE UP PATTERN DESIGN BOOK

서은혜·김미숙·김혜균·박건희·이강미

구민사 Technology Computer

저자 약력

서은혜 건국대학교 미래지식교육원 미용학과 전임교수
김미숙 한양대학교 뷰티코디네이션전공 학과장'
김혜균 우송대학교 뷰티디자인과 학과장
박건희 동덕여자대학교 평생교육원 뷰티디자인과 주임교수
이강미 여주대학교 뷰티케어과 초빙교수

메이크업 패턴 디자인 북
(MAKE UP PATTERN DESIGN BOOK)

2014년 3월 2일 초판 인쇄
2014년 3월 5일 초판 발행
2020년 3월 5일 개정 2쇄 발행

저 자 서은혜·김미숙·김혜균·박건희·이강미
발 행 인 조규백
발 행 처 도서출판 구민사
(07293) 서울특별시 영등포구 문래북로 116, 604호(문래동3가 46, 트리플렉스)
전 화 02.701.7421~2
팩 스 02.3273.9642
홈페이지 www.kuhminsa.co.kr
신고번호 제2012-000055호(1980년 2월 4일)
I S B N 978-89-7074-895-5 93150
값 15,000원

MAKE UP PATTERN
DESIGN BOOK

현대 메이크업은 빠르게 진화하고 있다. 트랜드를 중심으로 디자인의 조형적 요소와 창의적 아이디어와 감성이 중요시되며 특히 메이크업 아티스트의 감각적인 독창성이 무엇보다 중요시되고 있다.

메이크업 패턴 일러스트는 메이크업을 하기 위한 필수적인 기초 과정으로서 메이크업 아티스트의 감각과 스타일을 가장 잘 표현할 수 있는 도구이다. 또한 자신이 표현하고자 하는 이미지와 의미를 대중에게 전달할 수 있고, 자신의 예술적 가치를 전개할 수 있다.

본 교재는 뷰티를 아트로 승화하는 창조적인 뷰티인을 양성하기 위한 첫 단계로서, 예비 메이크업 아티스트들에게 메이크업에의 접근을 쉽게 하고 자유로운 표현 활동을 돕기 위해 얼굴의 각 부분별 스케치 방법과 이미지 메이크업의 구성 방법, 얼굴을 포함한 인체의 프로포션을 학습하여 창의적인 메이크업 과정을 이미지화할 수 있도록 구성하였다.

뷰티를 전공하는 학생들에게 부족하나마 메이크업을 이해하고 학습하는데 도움을 줄 수 있다면 큰 기쁨이 될 것이며, 마지막으로 이 책을 출판하기 위해 도와주신 도서출판 구민사 대표 조규백 사장님과 편집부 여러분께 감사드린다.

공저자 일동

메이크업 일러스트레이션(MAKE UP ILLUSTRATION)의 개념

메이크업을 하기 위해서는 컨셉에 맞는 아이디어를 구상한 후 스케치, 색채계획, 재료선택 등 메이크업을 위한 기본 작업을 순서대로 하여 조화롭고 아름다운 색채구성 및 배색 능력 등의 다양한 색채감각을 바탕으로 디자인 원리에 맞게 구성해야 한다.

메이크업 일러스트레이션(Make up illustration)이란, 메이크업을 하기 전의 설계도라고 할 수 있으며, 창의적인 아이디어를 전개하고 메이크업의 구성을 알기 쉽게 전달하기 위한 것이다.

메이크업 일러스트레이션(Make up illustration)의 목적은 컬러, 균형, 질감, 디테일 구성 등 개개인의 얼굴 특성에 맞게 적용하여 새로운 트랜드를 개발하고 모델의 이미지구성, 테크닉, 스타일을 창출하는데 있다. 또한 메이크업 아티스트에게 독창성과 창의성을 함양하며 아트 감각을 익히는데 큰 도움을 준다.

메이크업 일러스트레이션(MAKE UP ILLUSTRATION)의 기능

① 시각적이고 감각적인 아이디어를 제공한다.
② 트랜드와 이미지를 전달한다.
③ 컬러의 조화 및 감각을 배양한다.
④ 메이크업을 적용하기 위한 사전 비주얼 커뮤니케이션 작업이다.
⑤ 메이크업 아티스트의 독창성과 창의성을 함양한다.

그라데이션 연습

눈썹 그리기

눈썹은 얼굴 전체 균형 및 이미지를 좌우하는 중요한 부분으로서, 얼굴형 및 눈의 크기, 인체 고유 색상인 헤어와 피부색 등을 고려해야 한다. 또한 길이, 두께, 컬러의 변화를 통해 다양한 이미지를 표현할 수 있다.

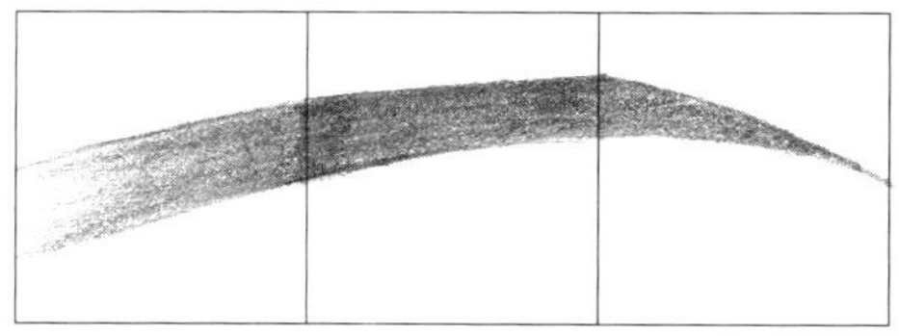

〈완성〉

① 눈썹을 3등분하여 중간부분의 눈썹 윗부분에서 아랫방향으로 얼굴의 크기를 고려하여 두께를 잡아 그라데이션 한다.

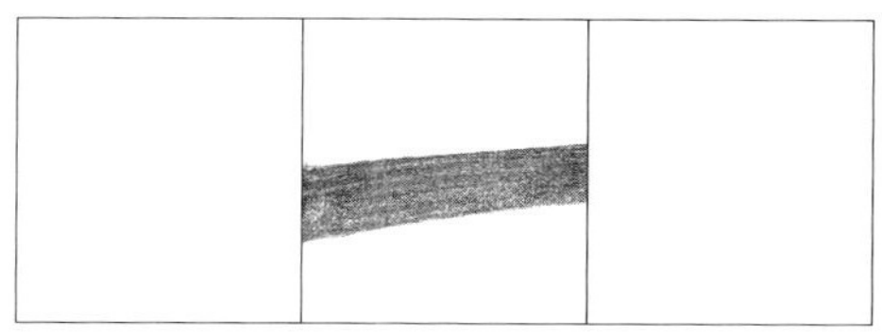

② 눈썹산은 눈썹 길이의 $\frac{2}{3}$ 지점에 오도록 하며, 눈썹꼬리는 콧방울과 눈꼬리를 연장시켜 만나는 지점까지 위치를 정해 깔끔하게 그라데이션 한다.

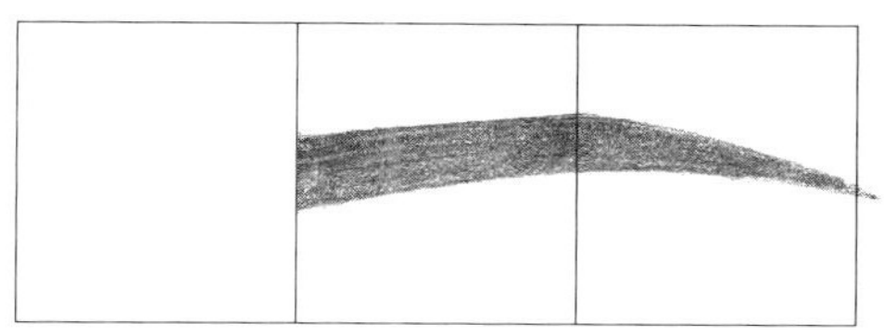

③ 눈썹머리는 콧망울과 일치되는 지점까지 앞부분을 향해 조금 넓게 그라데이션 해 준다.

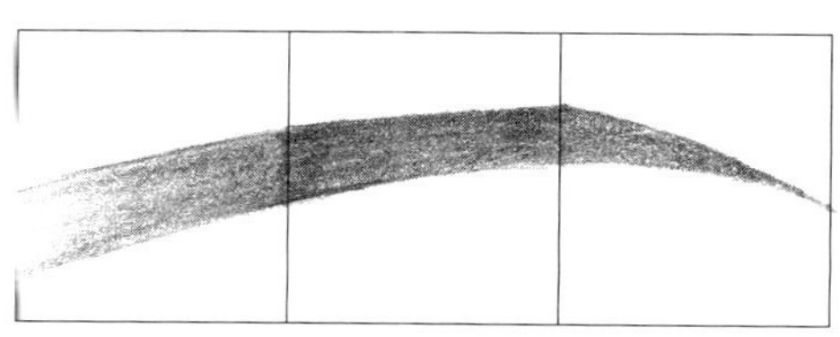

④ 비례 및 균형을 고려하여 수정한다.

눈썹 그리기 연습

기본형 눈썹 : 가장 기본적인 눈썹의 형태로서 어느 얼굴형에도 무난하다.

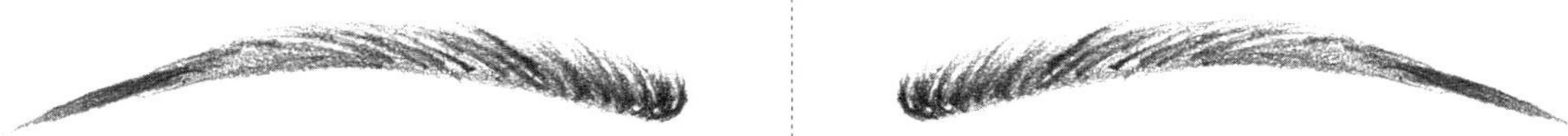

일자형 눈썹 : 긴 얼굴이나 좁은 얼굴에 잘 어울리며, 어려 보이고 발랄한 느낌을 준다.

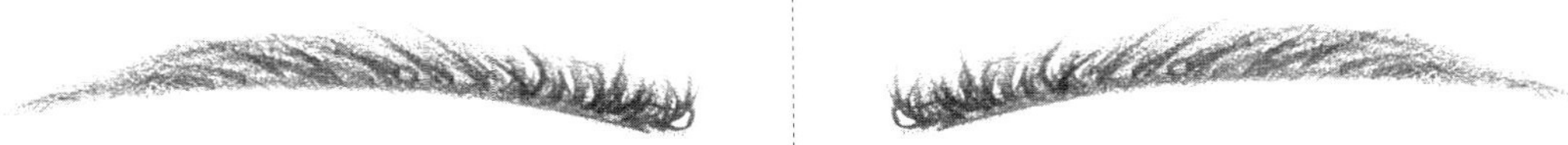

상승형 눈썹 : 둥근형이나 각진 얼굴에 잘 어울리며, 세련되고 동양적인 느낌을 준다.

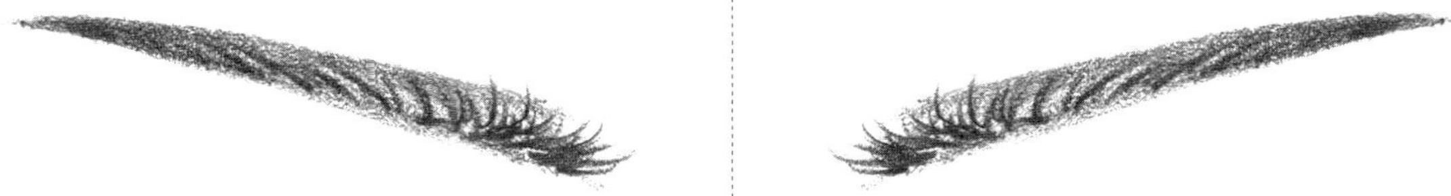

각진형 눈썹 : 등근형에 잘 어울리며 우아하고 성숙한 느낌을 준다.

아치형 눈썹 : 역삼각형이나 이마가 넓은 얼굴에 잘 어울리며 고전미와 여성스러운 느낌을 준다.

[눈]

[눈]

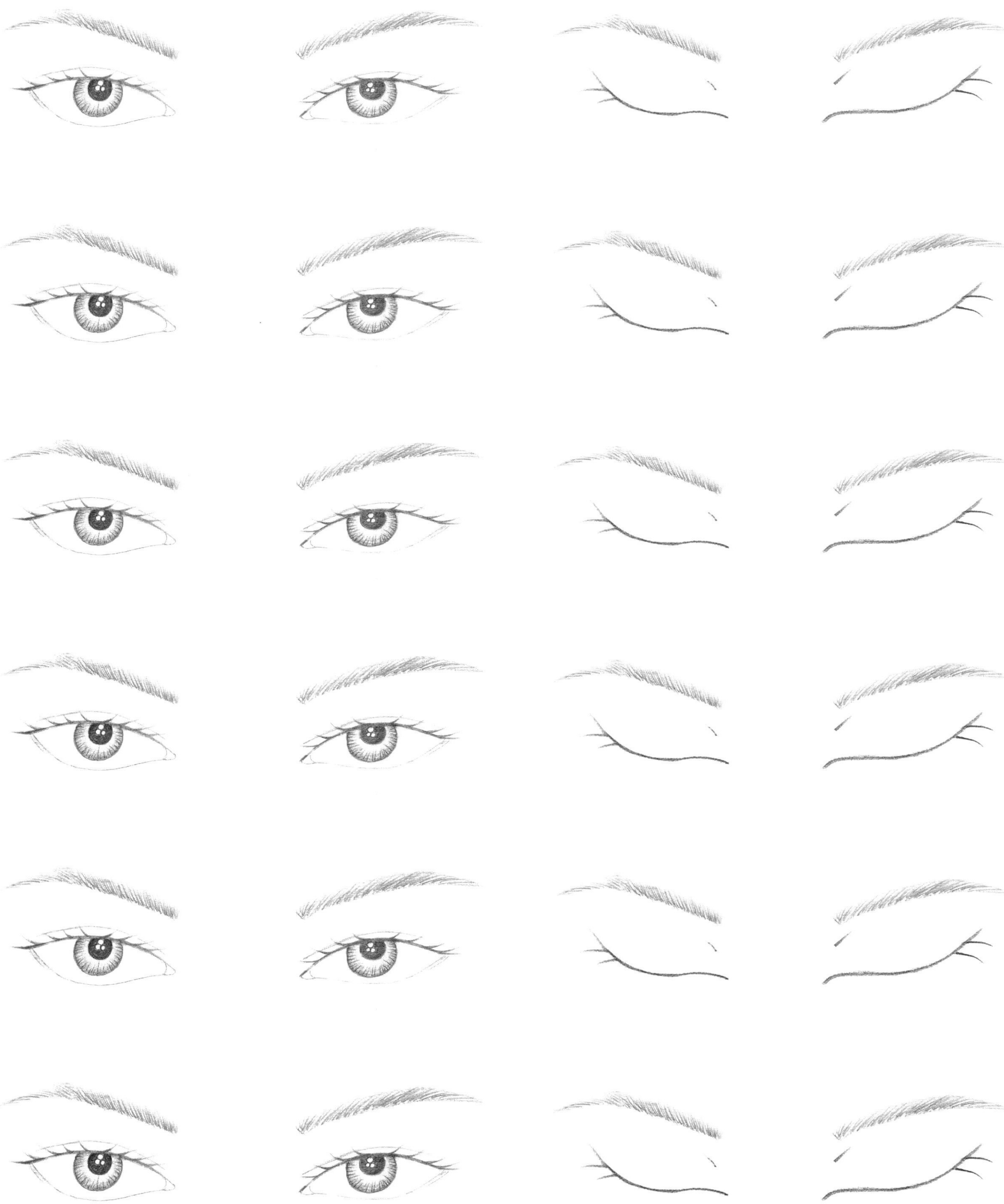

[눈]

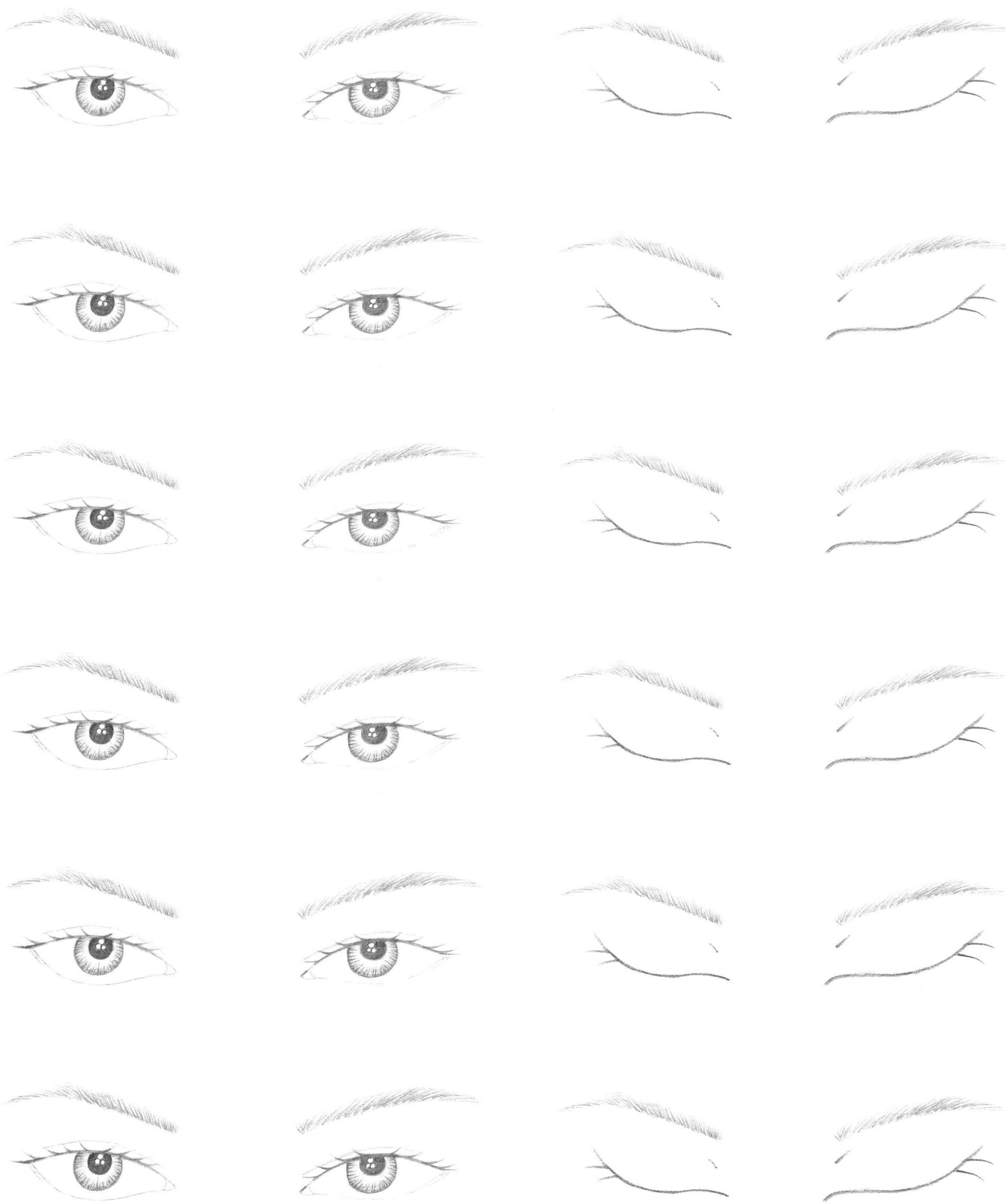

[입술]

- 기본형

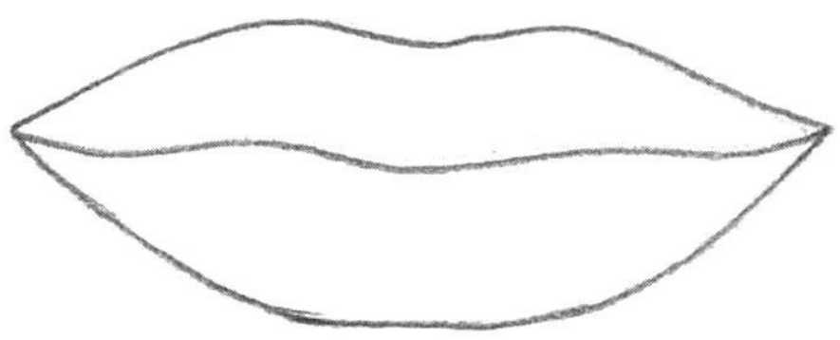

인커브

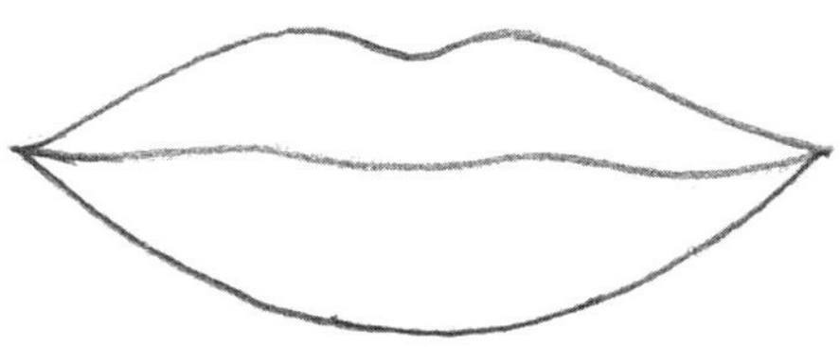

아웃커브

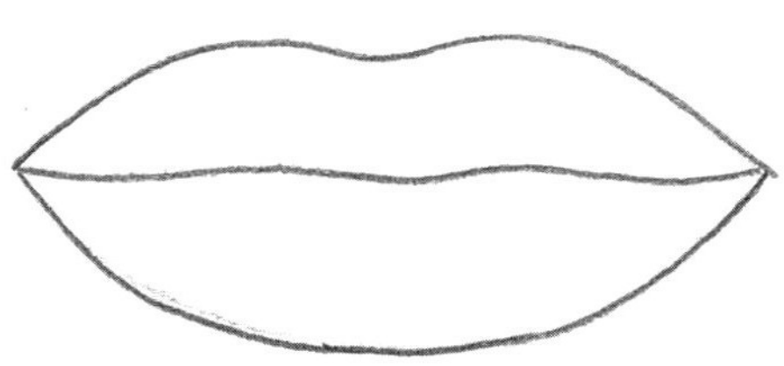

[얼굴형태별]

● 오발 형

[얼굴형태별]

● 둥근 형

[얼굴형태별]

- 긴형

[얼굴형태별]

● **각진 형**

봄

Spring

여름

Summer

가을

Autumn

겨울

Winter

주제(Concept) :

이미지(Image) :

주조색(Main color) :

BASE

Make up Base :

Concealer :

Foundation(F/D) :

High Light/Shading(H/S) :

Powder :

EYE

Eye-brow :

Eye shadow Technic :

Eye shadow Color :

Eye Liner :

Mascara :

False eyelashes :

LIP

Lip Liner :

Lip Color :

CHEEK

Cheek Technic :

Cheek Color :

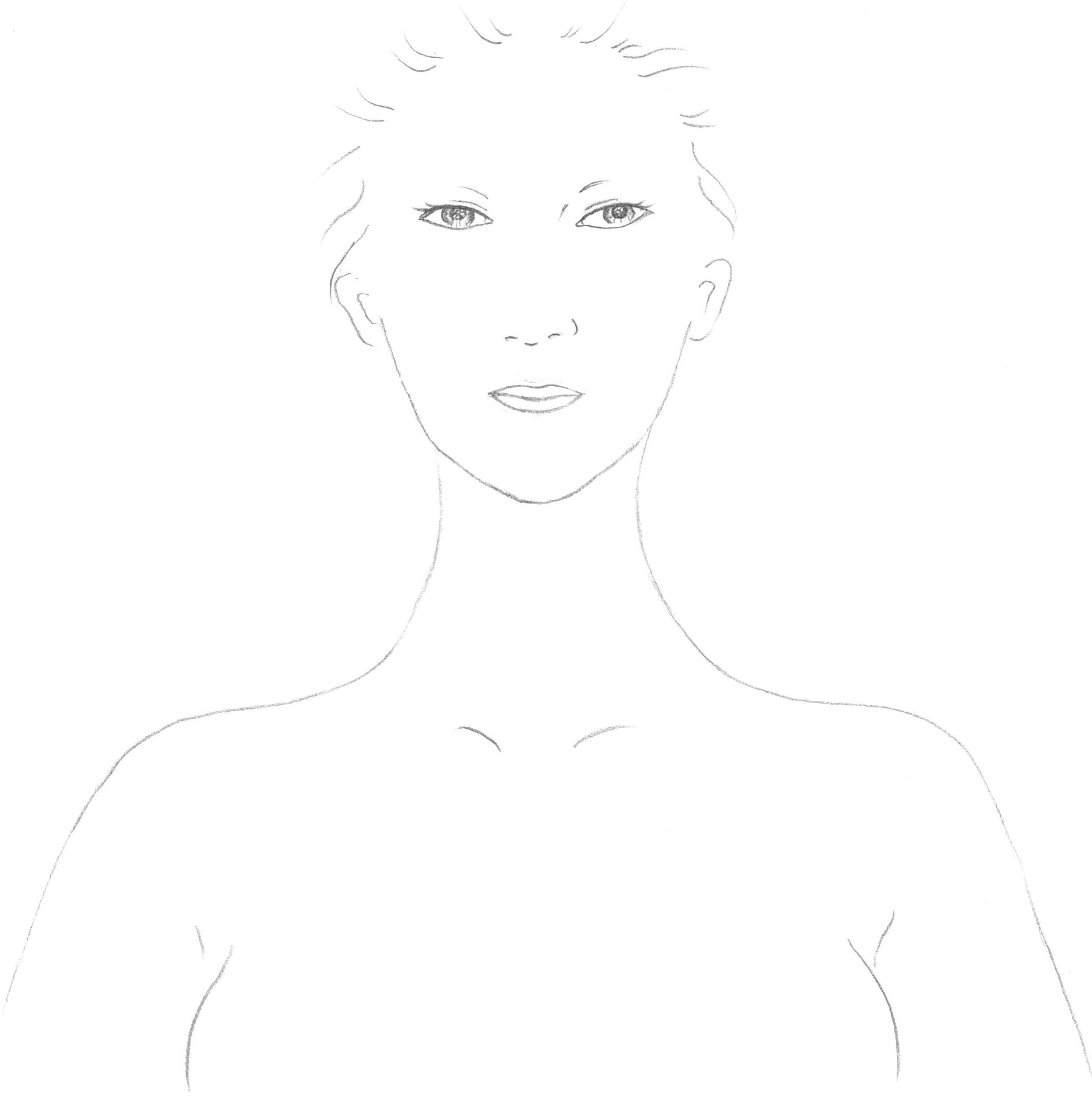

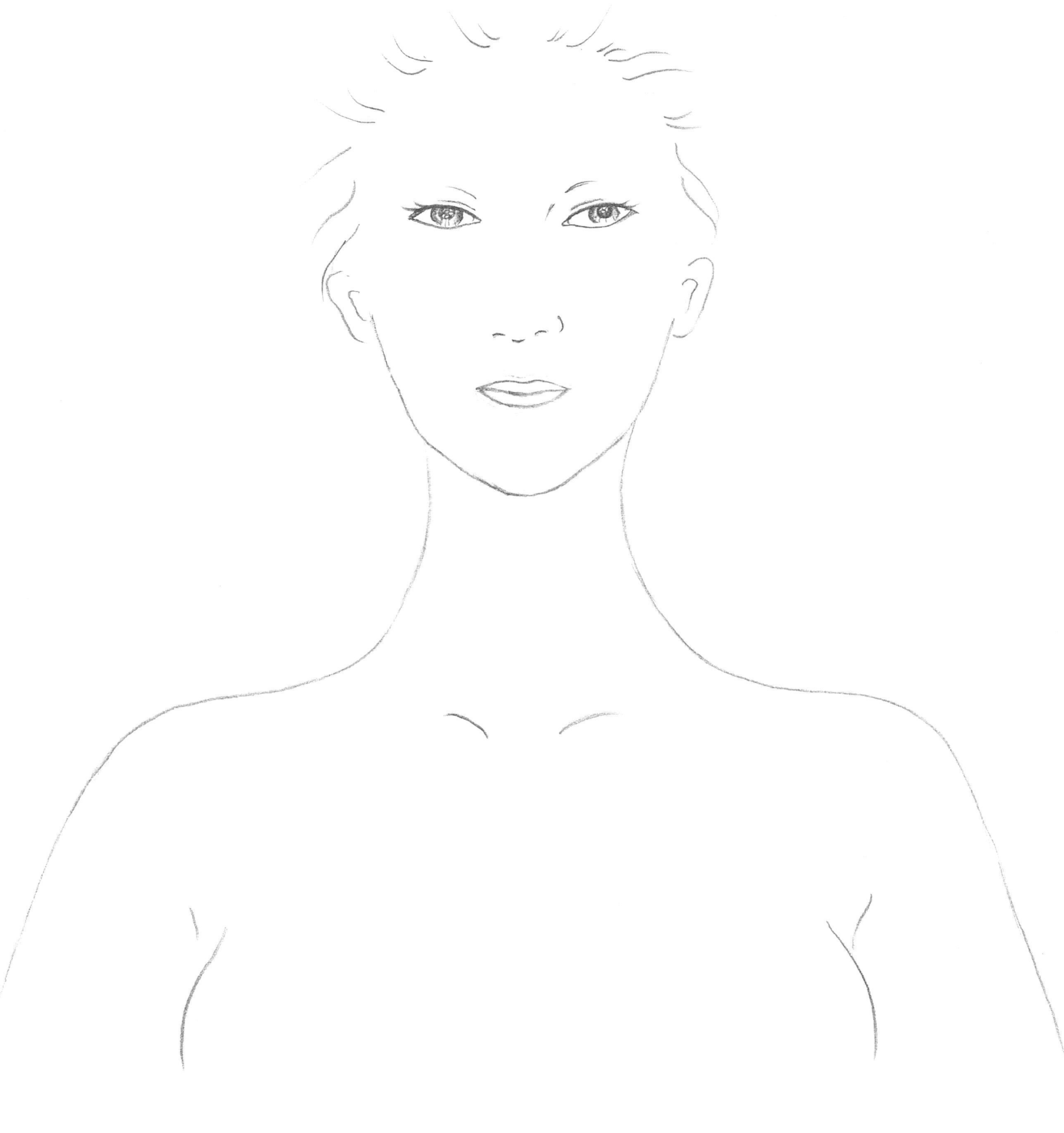

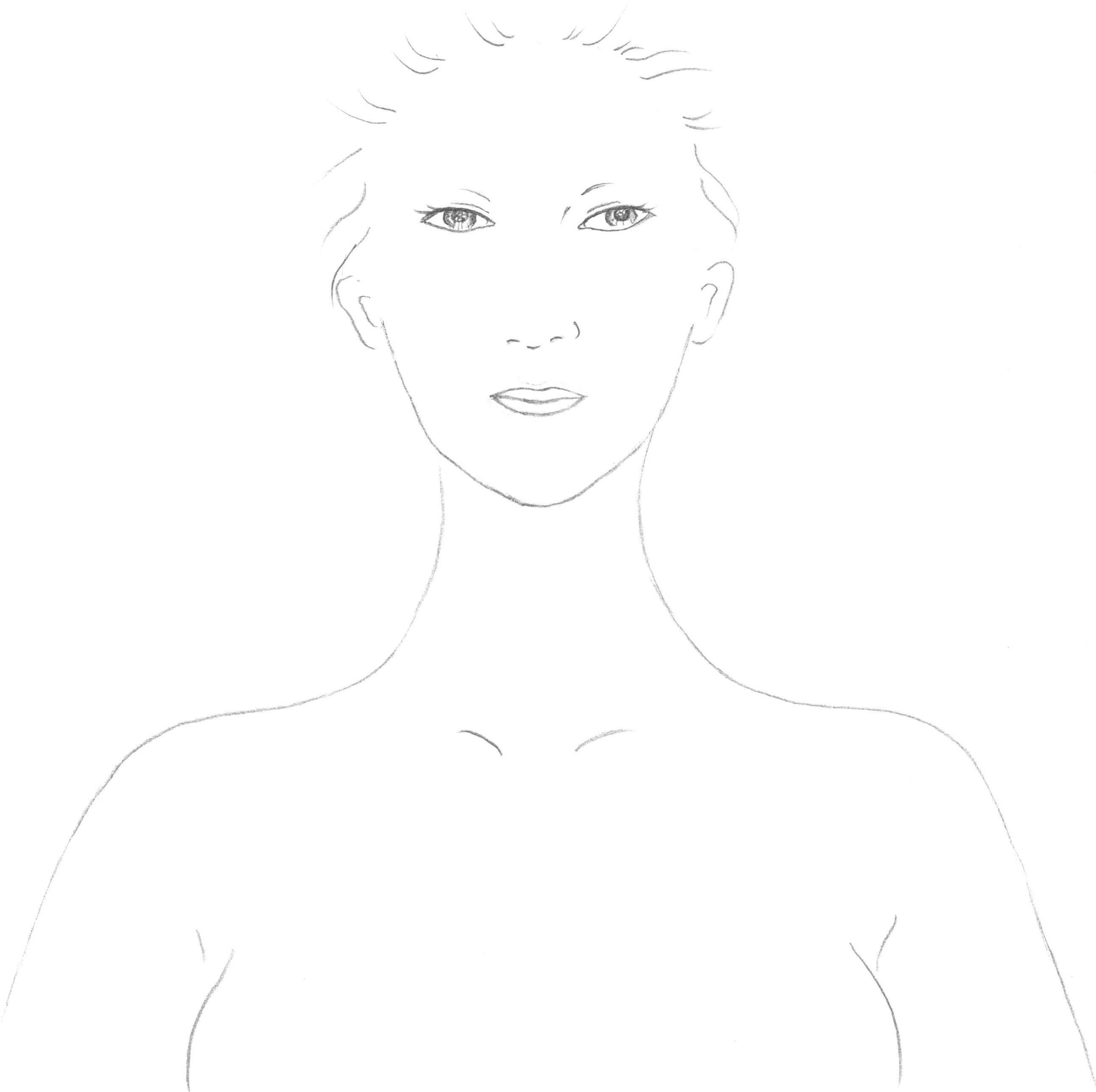

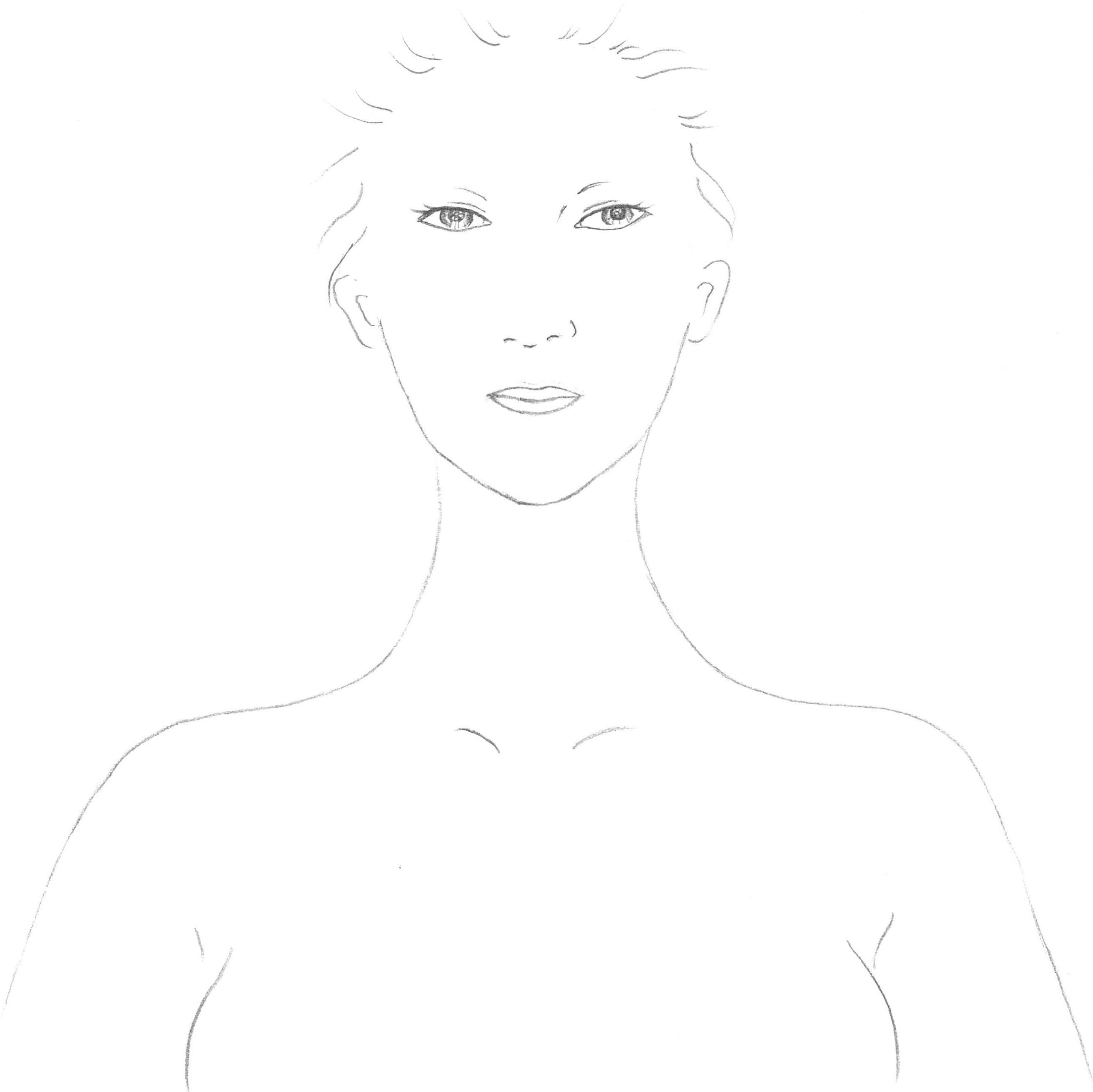

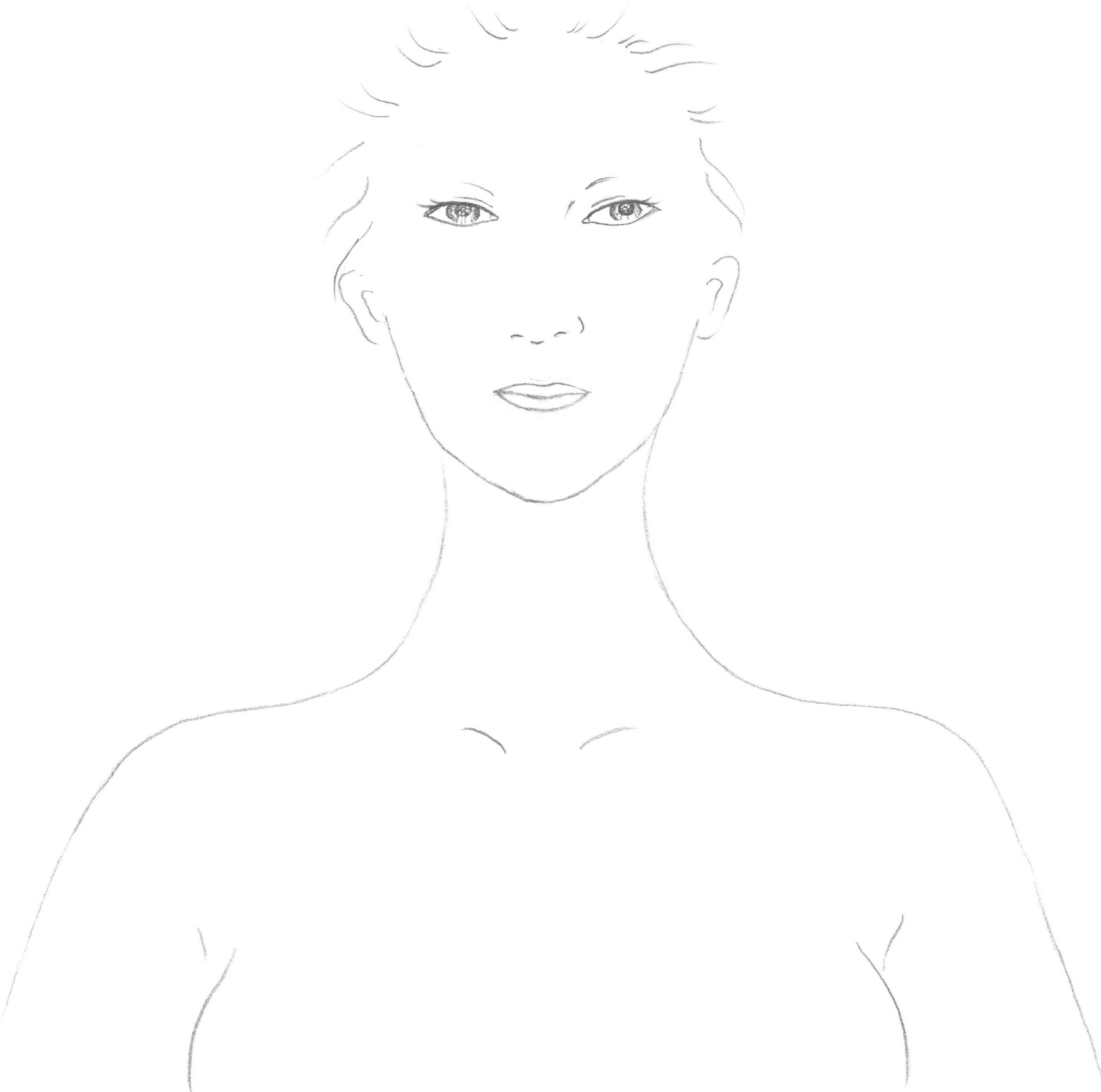

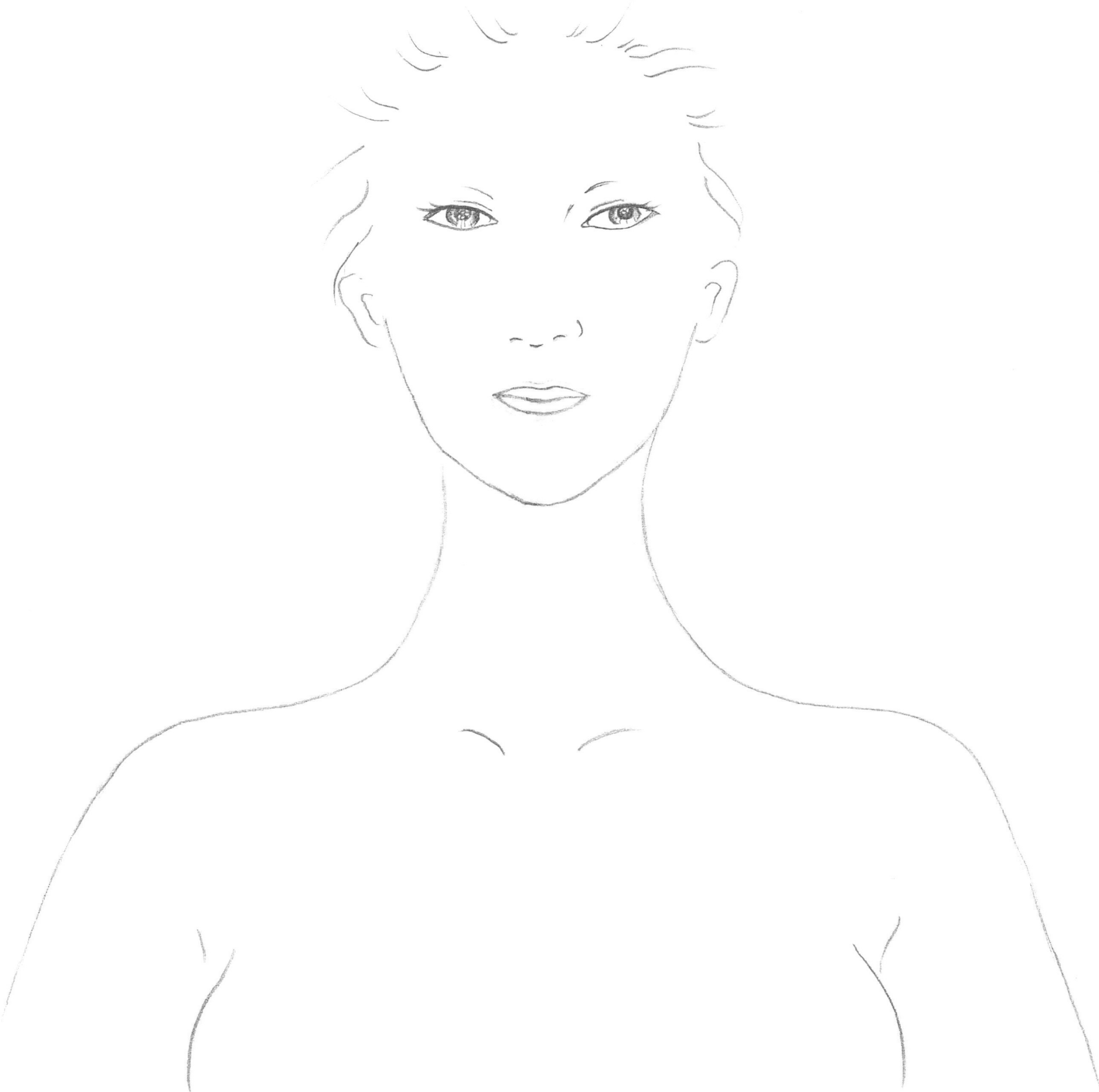

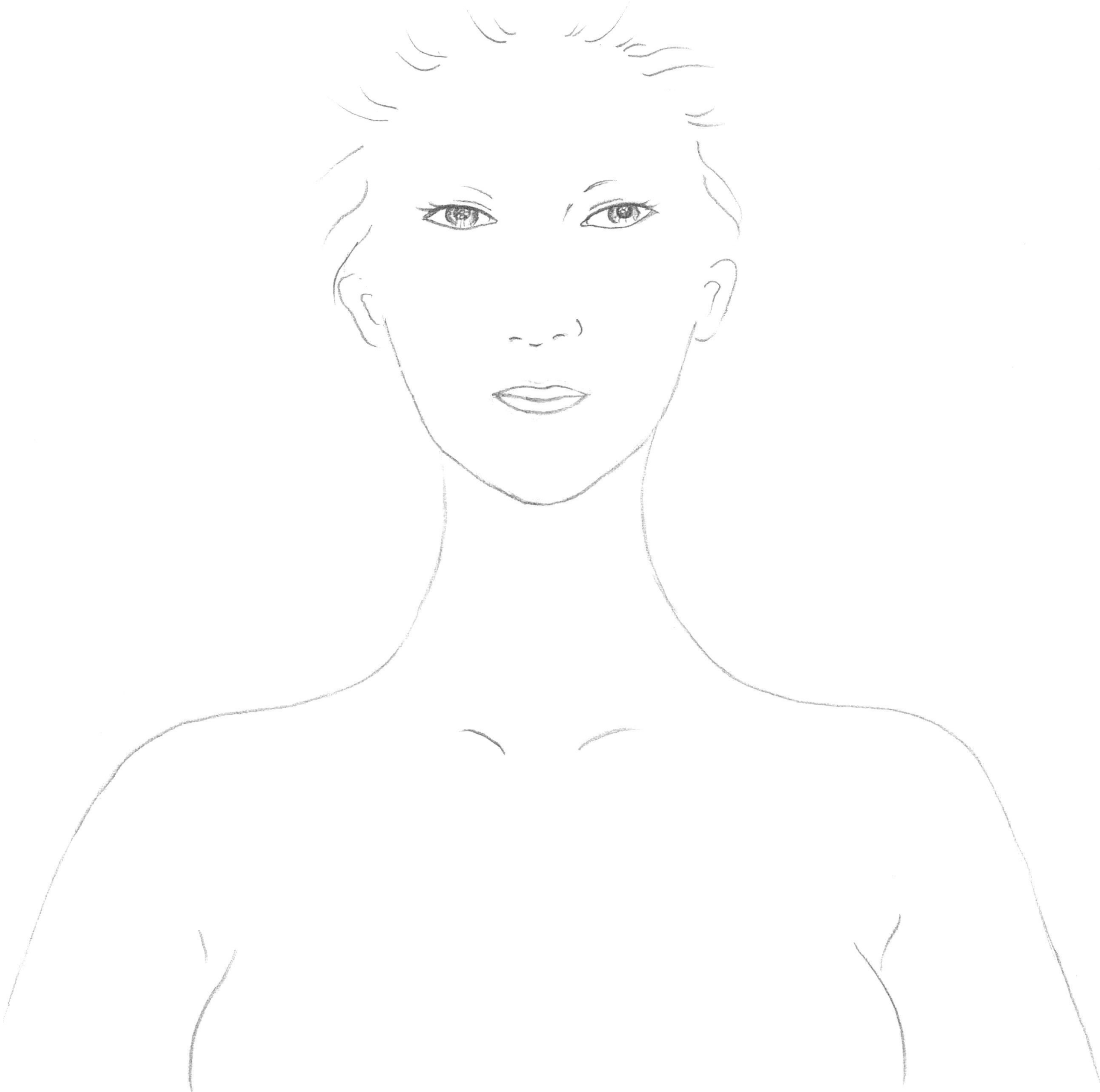

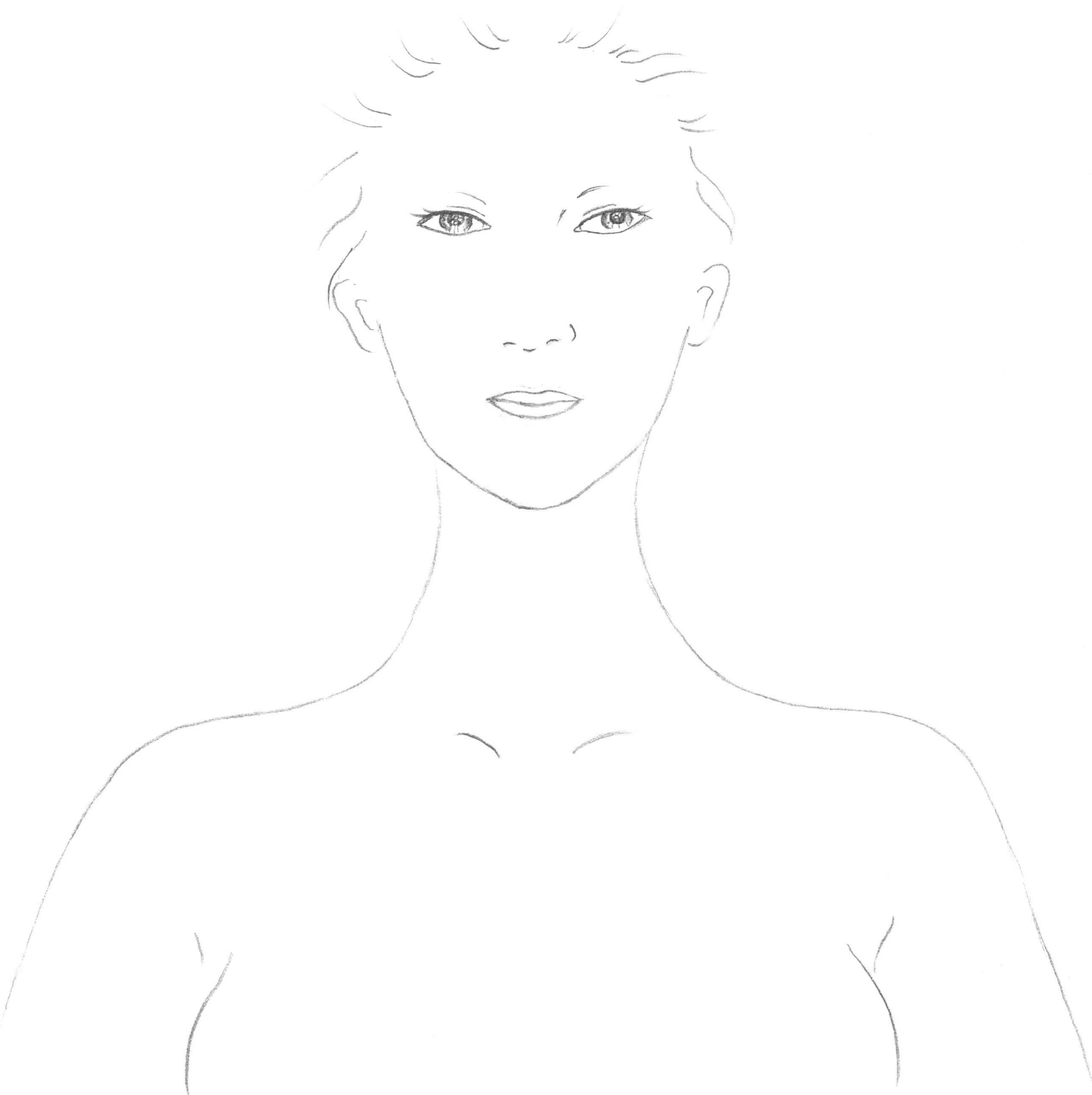

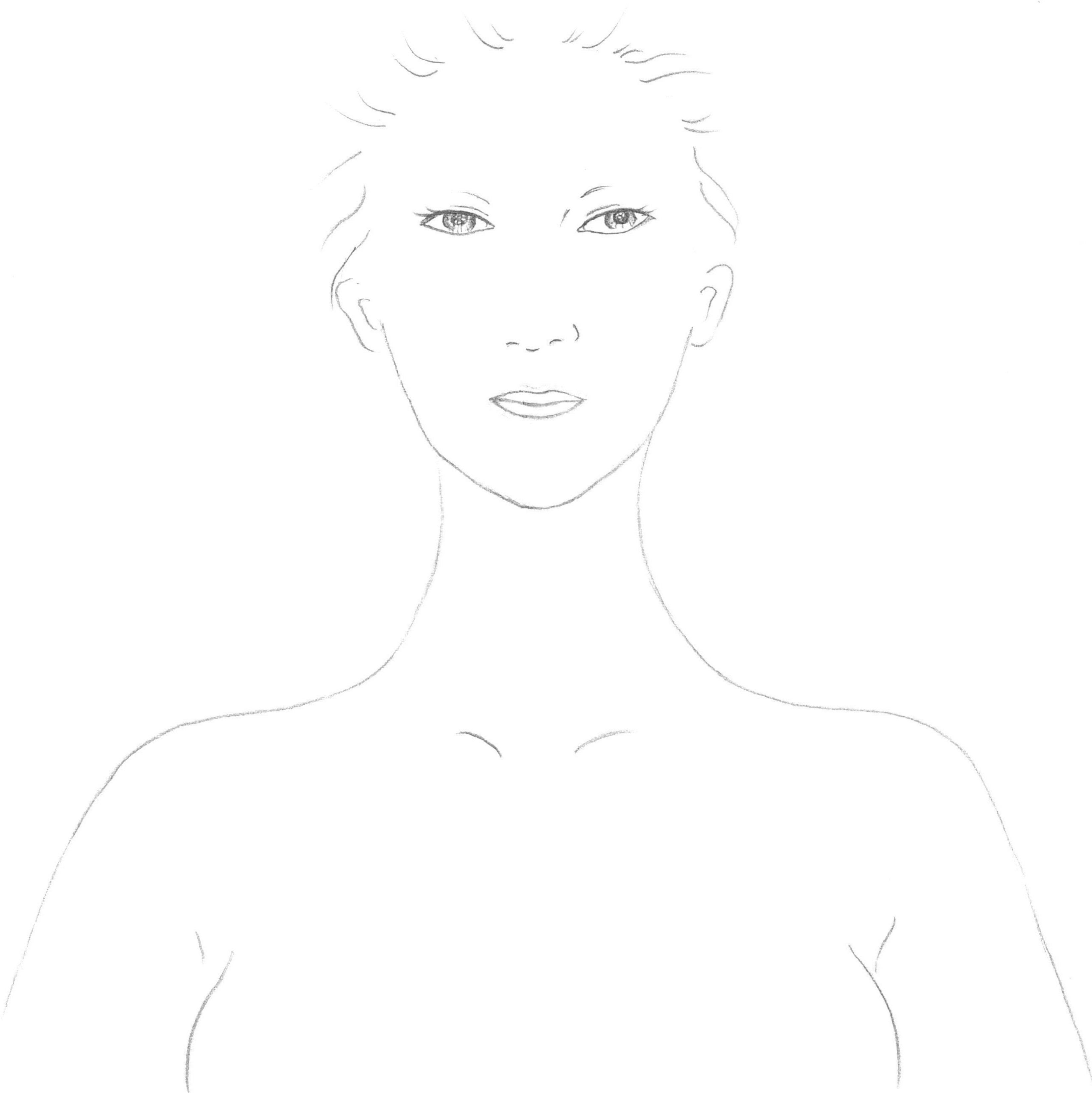

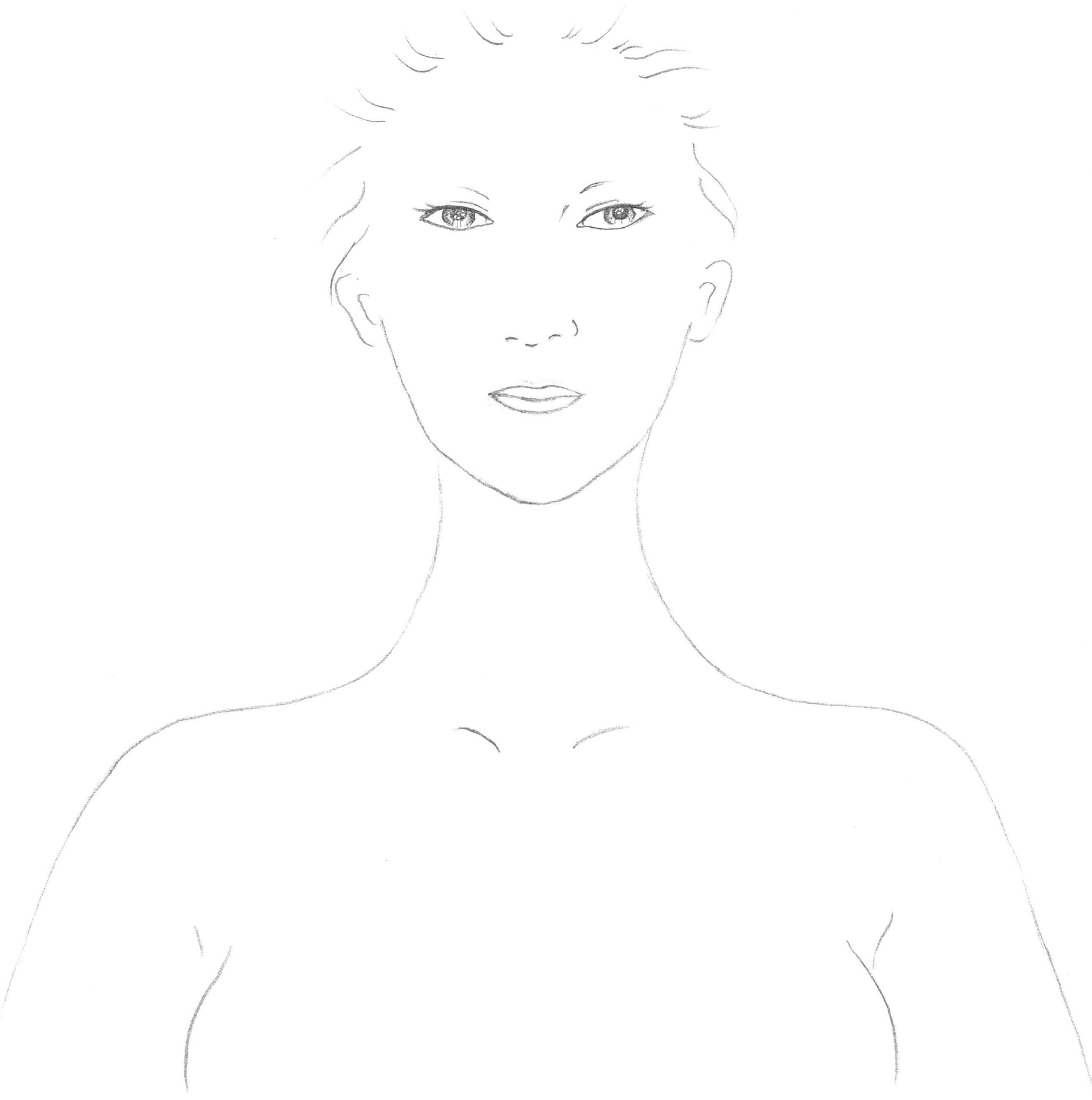

*인체 프로포션

프로포션(Proportion)은 비율, 비례, 부분, 균형을 뜻하는 말로서 머리크기에 따른 신장의 비율 즉, 균형잡힌 바디를 뜻한다. 바디페인팅에서는 보통 10등신 이상의 시각적인 효과를 주기 위해 프로포션을 그리는데 인체의 특징을 잘 이해하여 균형감 있게 디자인을 전개하고 전체조화를 고려하여 완성한다.

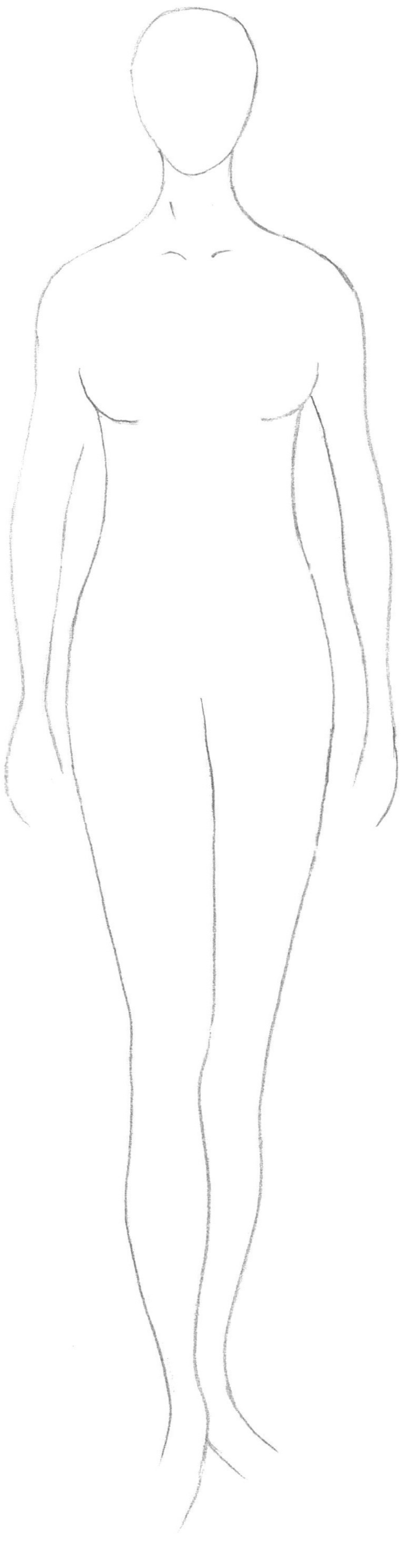

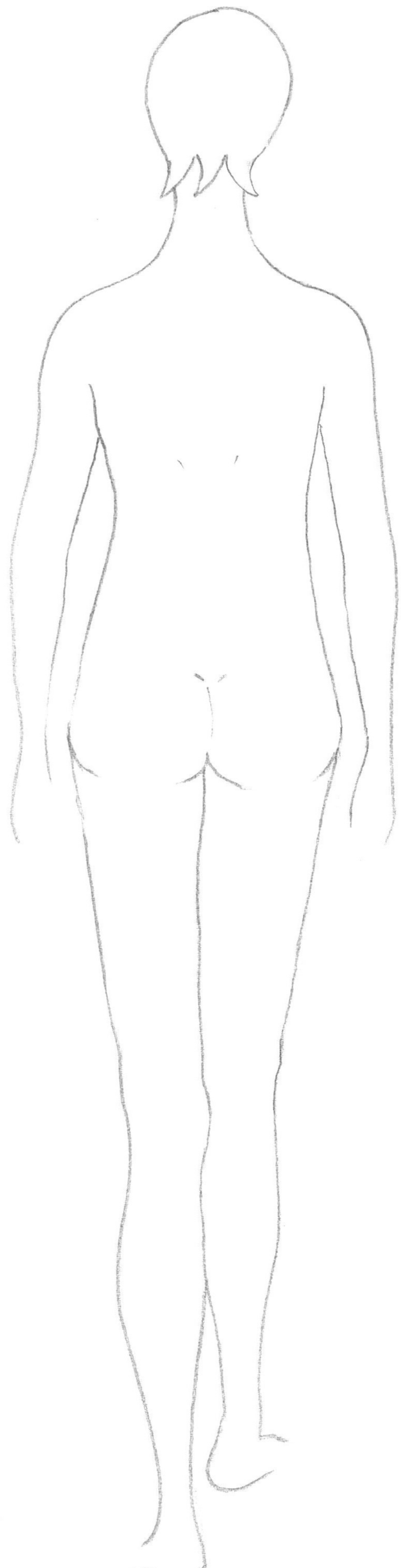

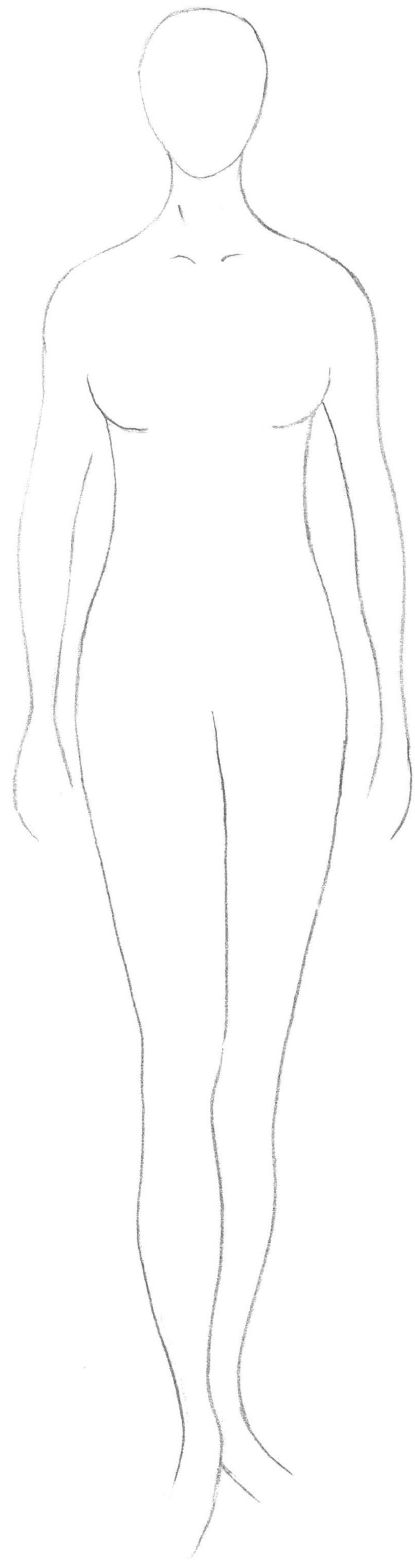

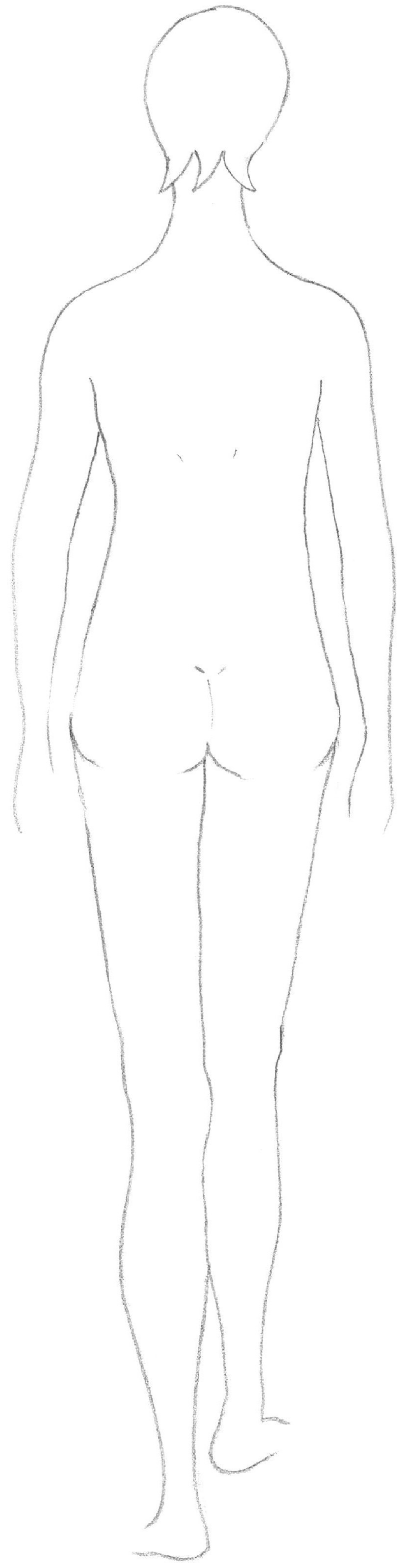

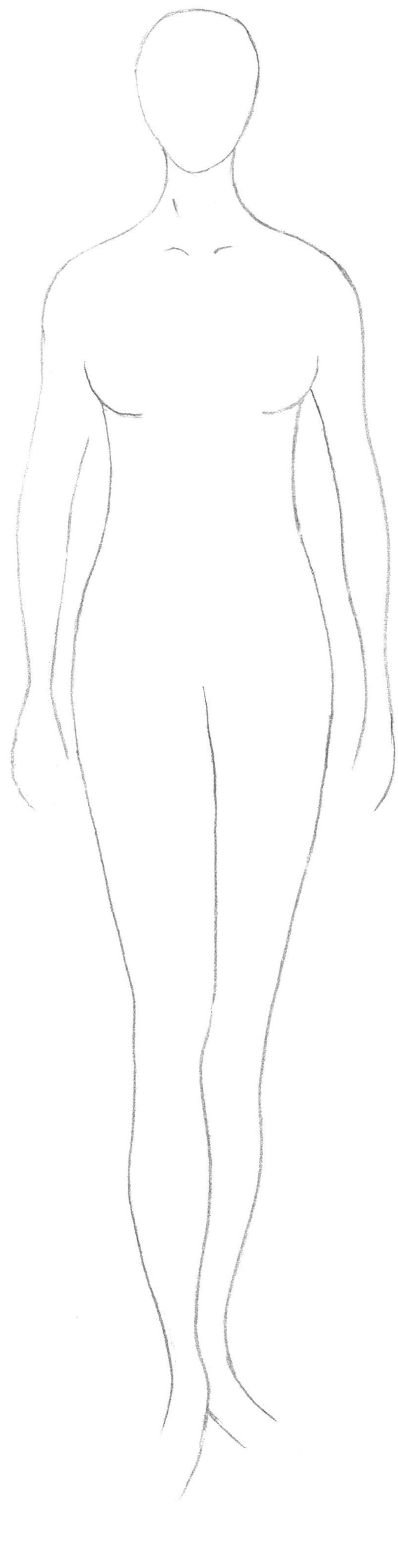

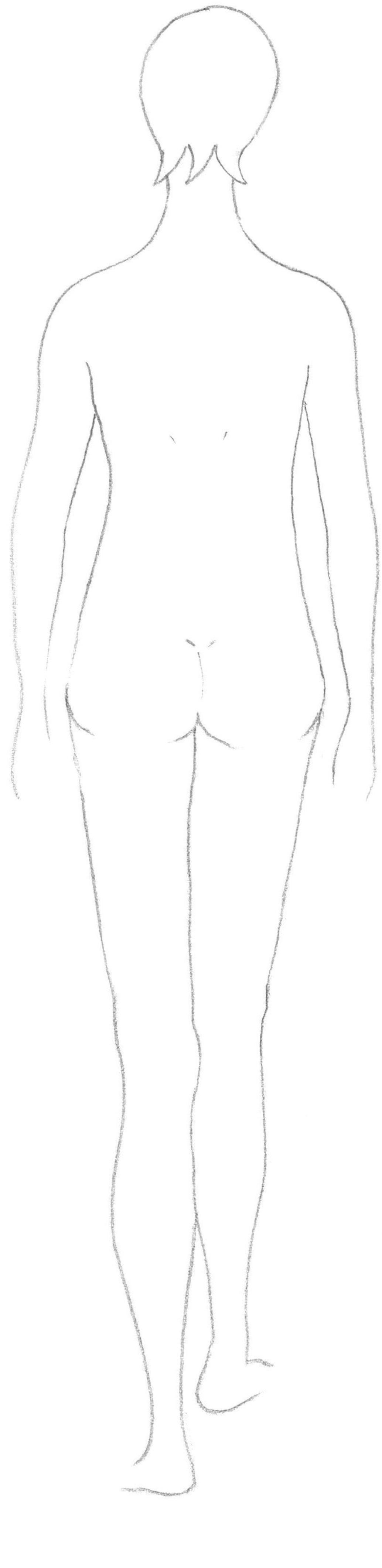

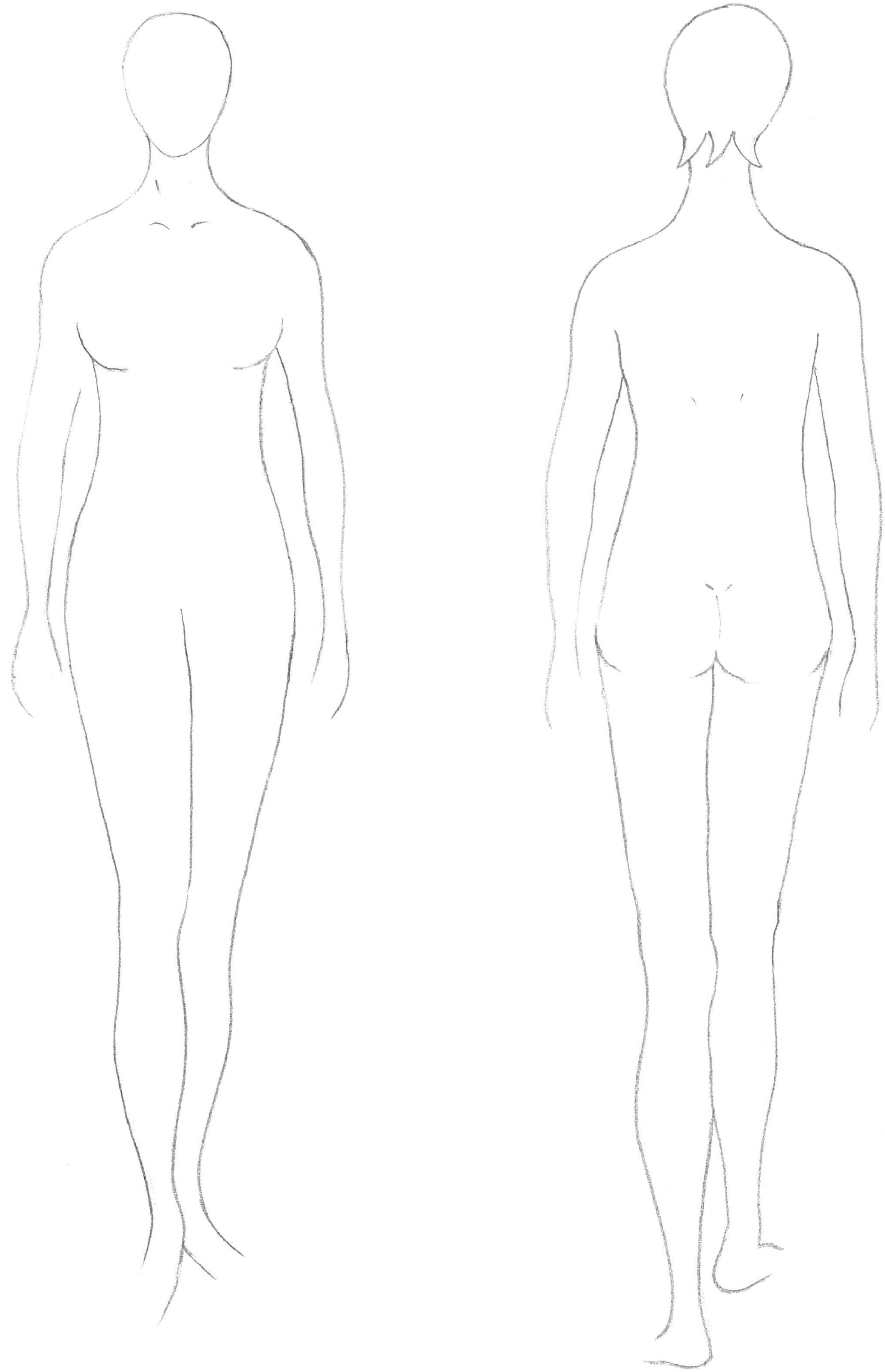

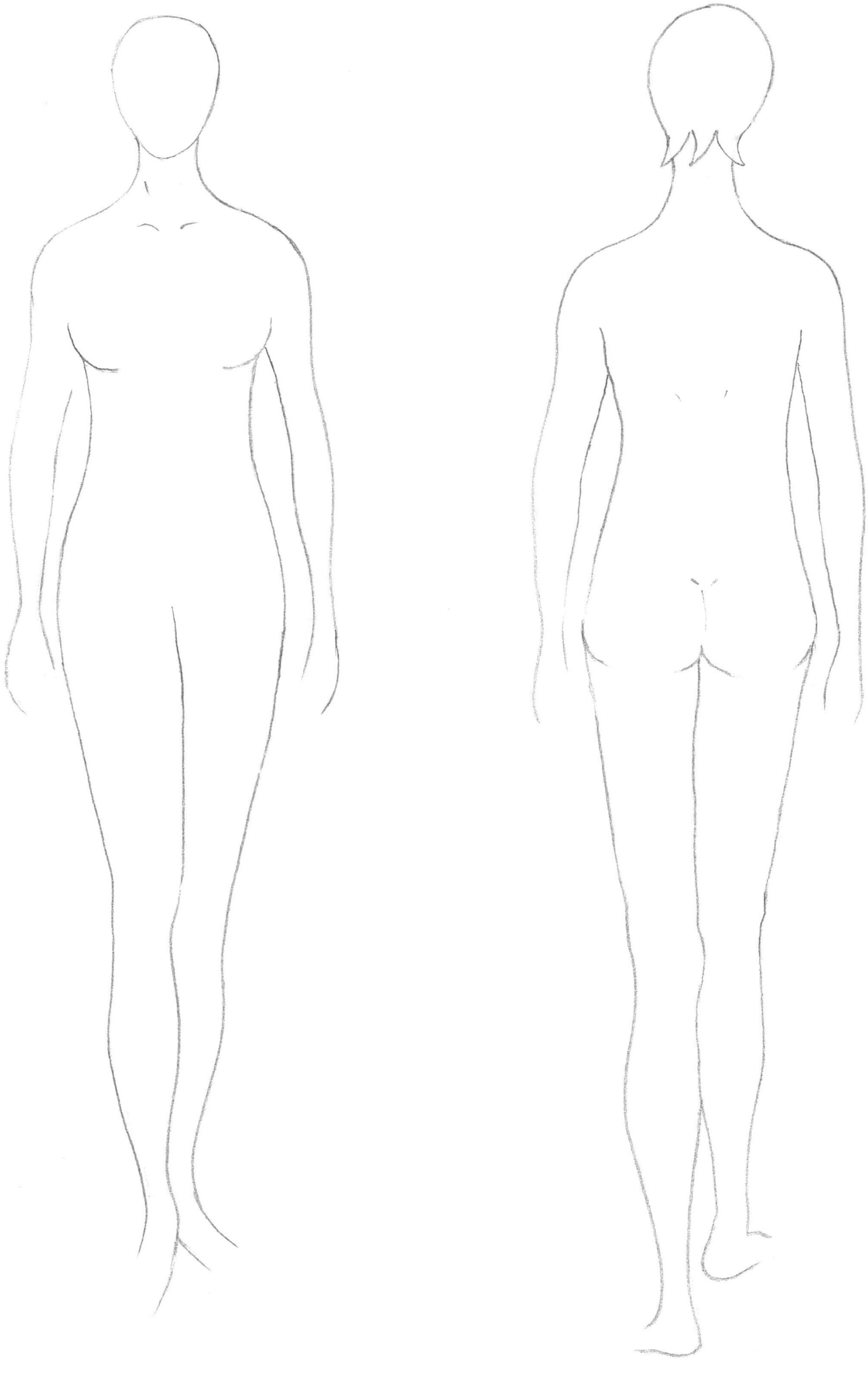

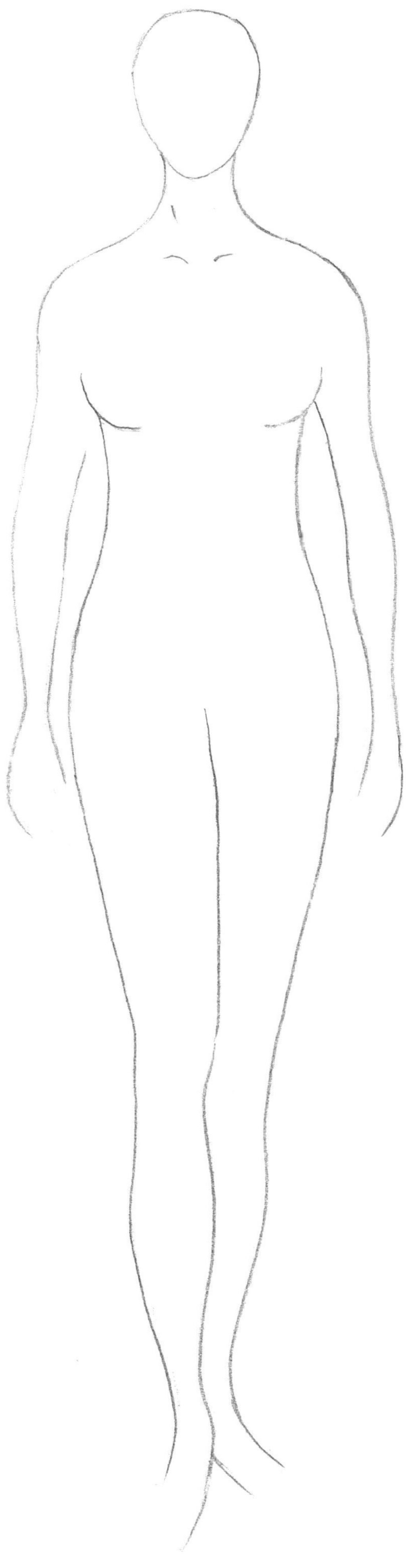

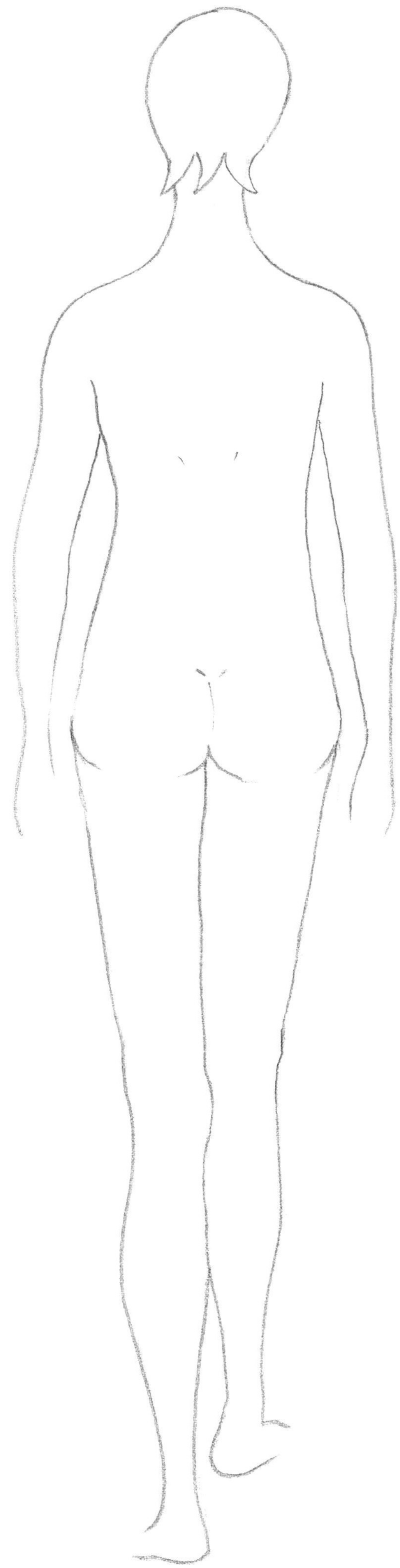

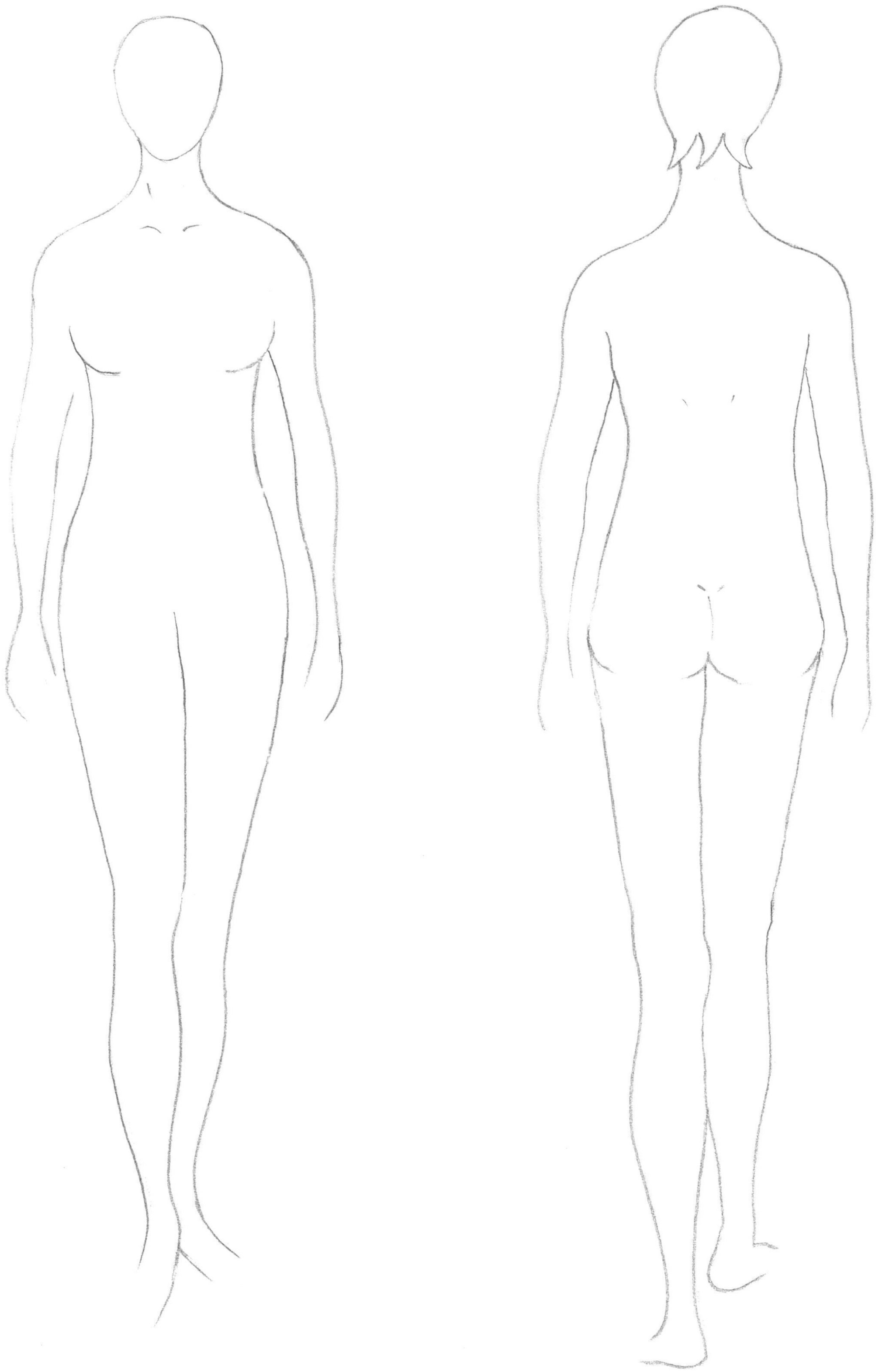

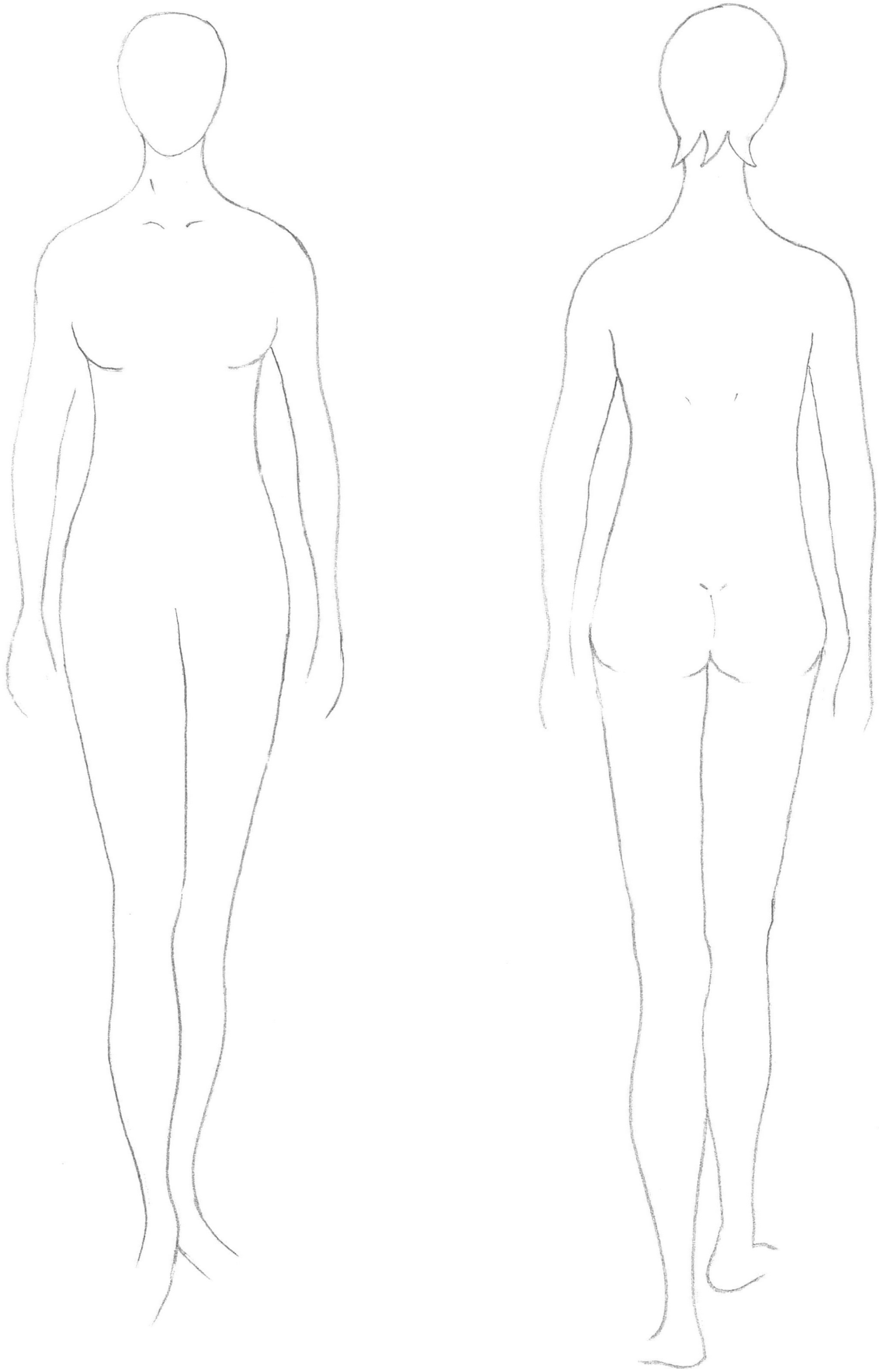

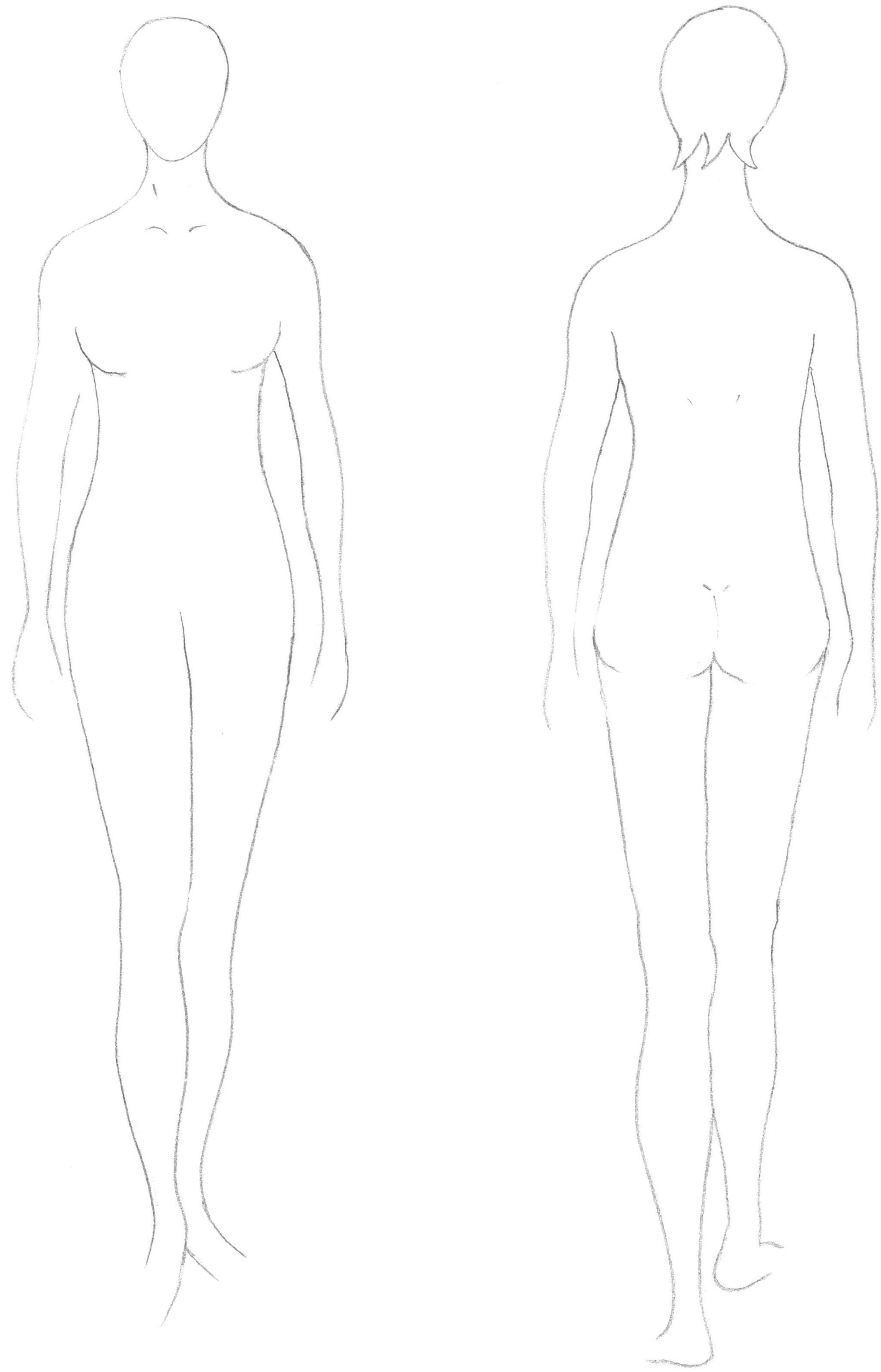

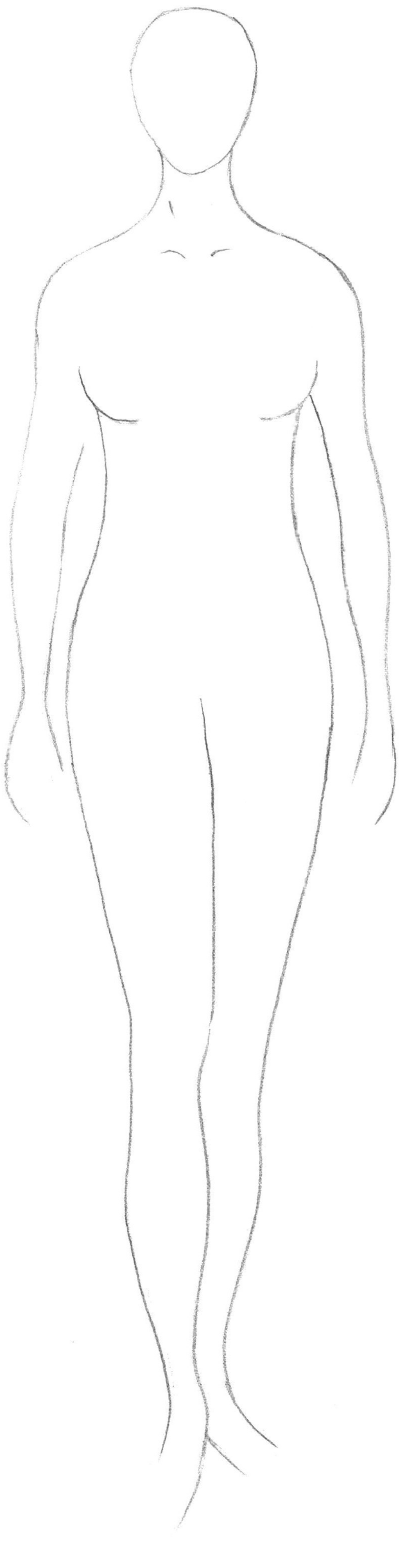

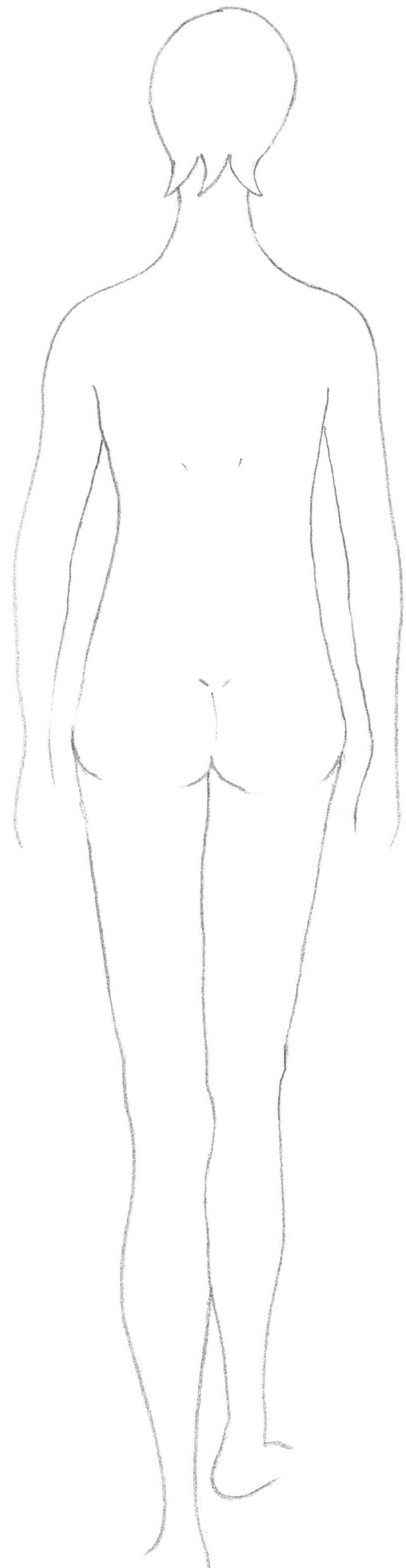

[이미지맵]

[이미지맵]

[이미지맵]

[이미지맵]